塔里木油田公司
安全禁令学习手册

塔里木油田公司 编

石油工业出版社

图书在版编目（CIP）数据

塔里木油田公司安全禁令学习手册 / 塔里木油田公司编 . —北京：石油工业出版社，2019.6
ISBN 978-7-5183-3426-1

Ⅰ.①塔… Ⅱ.①塔… Ⅲ.①油田-安全生产-手册
Ⅳ.① TE38-62

中国版本图书馆 CIP 数据核字（2019）第 100216 号

出版发行：石油工业出版社
　　　　　（北京安定门外安华里 2 区 1 号　100011）
　　　　网　址：www.petropub.com
　　　　编辑部：（010）64269289
　　　　图书营销中心：（010）64523633
经　　销：全国新华书店
印　　刷：北京中石油彩色印刷有限责任公司

2019 年 6 月第 1 版　2019 年 6 月第 1 次印刷
880×1230 毫米　开本：1/64　印张：2.8125
字数：61 千字

定价：33.00 元
（如出现印装质量问题，我社图书营销中心负责调换）
版权所有，翻印必究

《塔里木油田公司安全禁令学习手册》编委会

主　　编：朱水桥
副主编：魏云峰　李汝勇　张明亮
编　　委：王增志　孙　军　李旭光
　　　　　马　曦　于兴龙　袁　川
　　　　　翟志刚　李　斌　邓小飞
　　　　　王相飞　郑何光　李兴亭
　　　　　王　琴　陈　晨　殷小勇
　　　　　祝　伟　何中凯　林国强
　　　　　王晓峰　曹　强　陈　远
　　　　　高　阳　张凯旋　何建萍
　　　　　姜　涛　张志辉

前 言

安全是什么？安全是父母的叮嘱，是妻子的嘱托，是儿女的期盼，是家庭幸福的保障，是企业发展的根基，更是每位员工的心愿。高度重视和严格抓好安全生产，不断强化安全生产管理，不仅是企业高质量可持续发展的需要，更是保障广大员工切身利益的需要。

为了保护员工生命和防止员工受到伤害，国际国内各大石油公司多数都制定了"救命法则"或"安全禁令"。"安全禁令"是保护员工健康安全的生命红线，是员工工作所遵循的基本行为准则。《塔里木油田公司安全禁令》是在油田安全生产新的形势下，对多年来安全生产规律的再认识、再总结，是甲乙方全体干部员工的智慧结晶，是对油田公司原"保命"条款和安全禁令的继承和深化,更是安全事故血的教训换来的宝贵经验。

颁布安全禁令是油田公司贯彻"以人为本"理念,切实保障员工生命健康,提升全员安全执行力,深化QHSE体系建设的重要举措。为了方便甲乙方全体员工深入学习安全禁令,更好地理解禁令的内涵和意义,更好地落实执行禁令,我们编写了《塔里木油田公司安全禁令学习手册》。本书对《塔里木油田公司安全禁令》进行了详细解读,对相关名词、术语、管理要求等知识点进行了简单介绍,并辅以典型案例和图片,是特别适用于现场的工具书。

限于编者水平,书中难免有不妥之处,敬请读者批评指正。

目 录

塔里木油田公司安全禁令·················1
一、未经评估上岗操作···················9
二、未经许可进入受限空间···············29
三、未经检测进行动火作业···············51
四、未经防护进行高处作业···············67
五、未经能量隔离进行施工作业···········83
六、未经现场确认签批作业票·············97
七、未经审批实施变更··················111
八、在运行中的起重设备下穿行或
　　停留······························127
九、现场作业使用手机··················141
十、发现溢流未立即关井，怀疑溢流未
　　关井检查··························153
后记··································169

塔里木油田公司
安全禁令

安全禁令是油田贯彻"以人为本"理念，保障员工生命健康，提升全员安全执行力的重要举措，是员工不能触碰的安全红线。禁令条款通过安全生产"大讨论、大反思、大排查、大整改"活动总结提炼，经油田公司QHSE管理委员会审议发布，自2018年8月17日起正式实施。

（一）未经评估上岗操作

- 未依据岗位能力需求对操作人员进行能力评估或安排能力评估不合格者独立上岗操作；
- 特种作业人员及特种设备操作人员未取得有效资质上岗操作。

(二) 未经许可进入受限空间

> 未执行作业许可或有效操作规程进入受限空间;
> 未按规定频次、位置进行气体检测进入受限空间;
> 未按要求佩戴防护装备进入受限空间;
> 未制定应急救援措施进入受限空间;
> 未经监督、监护人同意进入受限空间。

(三) 未经检测进行动火作业

> 防火防爆区域动火作业前未进行可燃气体、粉尘检测;
> 动火作业中未按规定频次、位置进行可燃气体检测。

(四) 未经防护进行高处作业

> 未按要求使用安全带、安全网、安全绳等有效的防坠落装置进行高处作业;

➢ 使用未经检查确认合格的脚手架、梯子和其他登高设施。

（五）未经能量隔离进行施工作业

➢ 未对相关的电、机械、化学、热或其他形式的能量进行隔离；
➢ 未对相关有毒有害物质进行隔离；
➢ 未对能量隔离点上锁挂签；
➢ 未测试验证能量隔离的有效性。

（六）未经现场确认签批作业票

➢ 作业前、作业后未现场确认危害及风险控制措施。

（七）未经审批实施变更

➢ 未经风险评估审批工艺、设备、规程、方案变更；
➢ 未经审批实施工艺、设备、规程、方案变更。

(八) 在运行中的起重设备下穿行或停留

- 在吊物下穿行或停留；
- 吊物移动过程中在吊臂下穿行或停留；
- 非作业人员进入吊装作业现场设定的警戒区域。

(九) 现场作业使用手机

- 携带非防爆手机进入防火防爆区域；
- 驾车使用手机；
- 操作过程中使用手机。

(十) 发现溢流未立即关井,怀疑溢流未关井检查

- 钻井液工、录井联机员发现或怀疑溢流未立即报告当班司钻；

- 司钻接到溢流报告或疑似溢流报告未立即关井;
- 人为责任导致关井后溢流量大于 $2m^3$。

违反以上条款的,操作员工罚款 **3000 元**,管理干部罚款 **5000 元**。本禁令适用于油田甲乙方全体干部员工。

一、未经评估上岗操作

(一) 释义

➤ 未依据岗位能力需求对操作人员进行能力评估或安排能力评估不合格者独立上岗操作；

➤ 特种作业人员及特种设备操作人员未取得有效资质上岗操作。

(二) 图标

未经评估上岗操作

(三)相关知识点

1. 能力评估相关

能力评估：根据岗位职责建立满足岗位要求的基本能力清单，衡量与评定员工完成岗位职责任务的能力与效果。

2. 特种作业相关

（1）特种作业：容易发生人员伤亡事故，对操作者本人、他人的生命健康及周围设施的安全可能造成重大危害的作业，包括电工作业、焊接与热切割作业、高处作业、制冷与空调作业、煤矿安全作业、金属非金属矿山安全作业、石油天然气安全作业、冶金（有色）生产安全作业、危险化学品安全作业、烟花爆竹安全作业、工地升降货梯升降作业及中华人民共和国应急管理部（以下简称应急管理部）认定的其他作业。

(2)石油天然气安全作业。

司钻作业：石油、天然气开采过程中操作钻机起升钻具的作业。适用于陆上石油、天然气司钻（含钻井司钻、作业司钻及勘探司钻）作业。

(3)危险化学品安全作业：从事危险化工工艺过程操作及化工自动化控制仪表安装、维修、维护的作业。

(4)特种作业人员：直接从事特种作业的人员。

(5)特种作业操作证：由应急管理部对于特殊行业实行准入备案制度所颁发的证书，可证明持证人受过专业安全技术、法律法规、职业道德的培训，并已在地方应急管理部门备案注册。

3. 特种设备相关

(1)特种设备：涉及生命安全、危险性较大的锅炉、压力容器(含气瓶)、压力管道、电梯、起重机械、客运索道、大型游乐设施和场（厂）内专用机动车辆，共八大类，统称为特种设备。

（2）特种设备作业人员：锅炉、压力容器（含气瓶）、压力管道、电梯、起重机械、客运索道、大型游乐设施和场（厂）内专用机动车辆的作业人员及其相关管理人员称为特种设备作业人员。

熔化焊接与热切割作业证

（3）特种设备作业人员证：应当按照国家有关规定经特种设备安全监督管理部门考核合格，取得国家统一格式的特种作业人员证书，方可从事相应的作业或者管理工作。国家市场监督管理总局下属地方市场监督管理局颁发《特种设备作业人员证》。

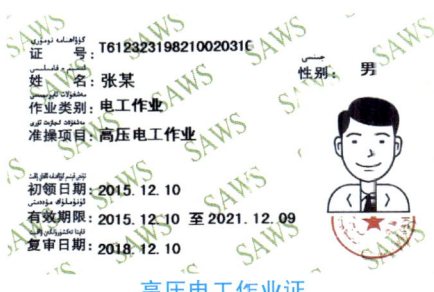

高压电工作业证

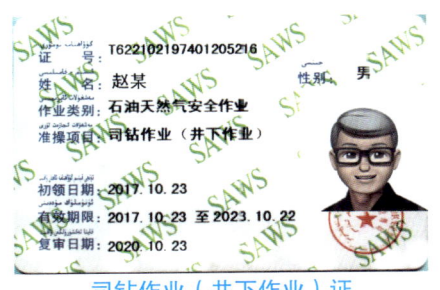

司钻作业（井下作业）证

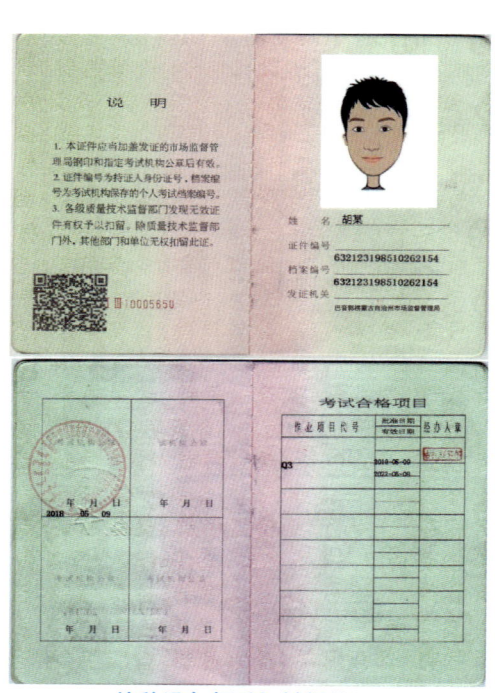

特种设备起重机械操作证

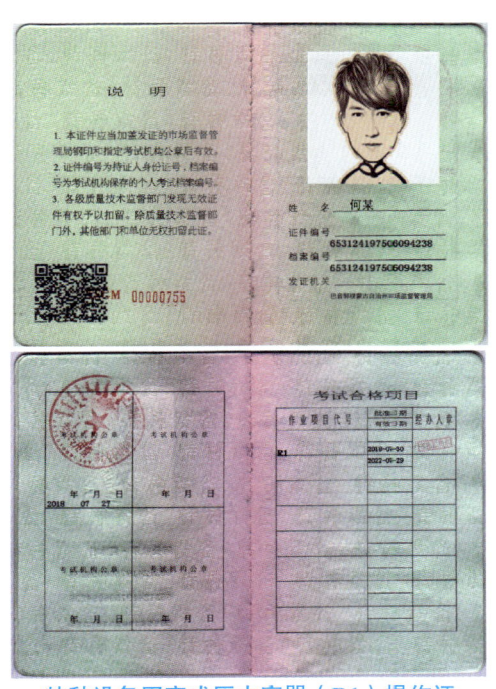

特种设备固定式压力容器（R1）操作证

(四) 管理要求

1. 能力评估相关

（1）员工能力配套实施内容。
① 细化属地划分。
② 建立能力清单。
③ 量化评估标准。
④ 组织开展评估。
⑤ 确定评估结果。
⑥ 评估结果应用。

（2）何时需要开展能力初始评估，能力评估的周期。

新入职员工、岗位发生变更的员工，上岗前应组织相关岗位的能力初始评估。自员工能力评估达到相应岗位上岗条件后算起，在岗期间能力评估周期为3年。

（3）员工能力评估结果的分级。

员工能力评估结果统一分为四个等级：A级（能力较强、指导他人）、B级（能力达标、独立上岗）、C级（能力缺项、限制工作）、D级（能力不足、不能上岗）。

2. 特种作业相关

（1）特种作业人员必须经专门的安全技术培训并考核合格，取得《中华人民共和国特种作业操作证》（以下简称特种作业操作证）后，方可上岗作业。

（2）对特种作业人员的安全技术培训，具备安全培训条件的生产经营单位应当以自主培训为主，也可以委托具备安全培训条件的机构进行培训。不具备安全培训条件的生产经营单位，应当委托具备安全培训条件的机构进行培训。生产经营单位委托其他机构进行特种作业人员安全技术培训的，保证安全技术培训的责任仍由本单位负责。

（3）特种作业操作证每3年复审1次。

特种作业人员在特种作业操作证有效期内，连续从事本工种10年以上，严格遵守有关安全生产法律法规的，经原考核发证机关或者从业所在地考核发证机关同意，特种作业操作证的复审时间可以延长至每6年1次。

（4）特种作业人员有下列情形之一的，复审或者延期复审不予通过：

① 健康体检不合格的；

② 违章操作造成严重后果或者有2次以上违章行为，并经查证确实的；

③ 有安全生产违法行为，并给予行政处罚的；

④ 拒绝、阻碍安全生产监管监察部门监督检查的；

⑤ 未按规定参加安全培训，或者考试不合格的；

⑥《特种作业人员安全技术培训考核管理规定》规定的其他情形。

3. 特种设备相关

（1）特种设备生产、使用单位（以下统称用人单位）应当聘（雇）用取得《特种设备作业人员证》的人员从事相关管理和作业工作，并对作业人员进行严格管理。特种设备作业人员应当持证上岗，按章操作，发现隐患及时处置或者报告。

（2）《特种设备作业人员证》每4年复审1次。持证人员应当在复审期届满3个月前，向发证部门提出复审申请。对持证人员在4年内符合有关安全技术规范规定的不间断作业要求和安全、节能教育培训要求，且无违章操作或者管理等不良记录、未造成事故的，发证部门应当按照有关安全技术规范的规定准予复审合格，并在证书正本上加盖发证部门复审合格章。

复审不合格、逾期未复审的，其《特种设备作业人员证》予以注销。

（3）有下列情形之一的，应当撤销《特种设备作业人员证》：

① 持证作业人员以考试作弊或者以其他欺骗方式取得《特种设备作业人员证》的；

② 持证作业人员违反特种设备的操作规程和有关的安全规章制度操作，情节严重的；

③ 持证作业人员在作业过程中发现事故隐患或者其他不安全因素未立即报告，情节严重的；

④ 考试机构或者发证部门工作人员滥用职权、玩忽职守、违反法定程序或者超越发证范围考核发证的；

⑤ 依法可以撤销的其他情形。

违反前款第①项规定的，持证人3年内不得再次申请《特种设备作业人员证》。

(五) 案例

中国石油天然气集团有限公司（以下简称集团公司）2006年至2017年10月，共发生工业安全生产亡人责任事故225起，死亡人数331人，其中由于上岗人员能力不满足岗位要求造成事故17起，死亡人数19人，分别占比7.6%（第六位）、6%（第五位）。

案例1　未依据岗位能力需求对操作人员进行能力评估就上岗操作

事故经过： 2009年8月9日17时32分，某石化公司苯乙烯装置乙苯单元分离系统，接料试运行中。脱轻组分塔塔底泵出口单向阀第一道法兰垫片突然泄漏，在紧急处理时造成一人急性中毒，经抢救无效死亡。

事故原因： 应急抢险人员未对各类防毒用品进行使用场合评估，造成在现场紧急处理时发生人员中毒事故。

脱轻组分塔塔底泵出口单向阀泄漏处

经验教训： 此案例为典型的上岗前未经过应急能力评估造成的亡人事故，这种行为极易造成自身或其他人员伤害甚至伤亡、财产损失。

中毒人员倒地处

案例 2　安排能力评估不合格者独立上岗操作

事故经过：2018 年 3 月 14 日 9 时 15 分，某钻探工程技术有限公司钻井队在承钻的某油田某井试油完井结束后，进行甩钻具作业。在排放钻杆作业过程中，一名场地工从猫道坠落地面，被滑落的钻杆击中头部，造成死亡。

事故原因：操作员工从门卫岗转至场地

工仅半年时间,员工能力与岗位不匹配,酿成本次事故。

经验教训: 此案例为典型的能岗不匹配,安排能力评估不合格者独立上岗操作,这种行为极易造成自身或其他人员伤害甚至伤亡、财产损失。

甩钻具作业现场还原

场地工坠落遭受钻杆打击现场

案例 3　特种作业人员及特种设备操作人员未取得有效资质上岗操作

事故经过： 2009年5月12日14时20分，某建设集团安装工程公司作业人员在某厂从事63kV Ⅰ段母线清扫工作时发生电击事故，造成一名作业人员死亡。

事故原因： 该公司作业人员未取得电工作业证进行63kV Ⅰ段母线清扫工作，作业人员不具备此项作业的资质，发生本次事故。

经验教训： 特种作业人员及特种设备操作人员未取得有效资质上岗操作，极易造成自身或其他人员伤害甚至伤亡、财产损失。

电工未取得电工作业证上岗操作

作业人员发生触电事故

二、未经许可进入受限空间

（一）释义

> 未执行作业许可或有效操作规程进入受限空间；

> 未按规定频次、位置进行气体检测进入受限空间；

> 未按要求佩戴防护装备进入受限空间；

> 未制定应急救援措施进入受限空间；

> 未经监督、监护人同意进入受限空间。

(二) 图标

未经许可进入受限空间

(三) 相关知识点

(1) 受限空间。

除符合以下所有物理条件外,还至少存在以下危险特征之一的空间:

① 物理条件:

(a) 有足够的空间,让员工可以进入并进行指定的工作。

(b) 进入和撤离受到限制,不能自如进出。

（c）并非设计用来给员工长时间在内工作的空间。

② 危险特征：

（a）存在或可能产生有毒有害气体或机械、电、辐射、放射源等危害。

（b）存在或可能产生掩埋进入者的物料。

（c）内部结构可能将进入者困在其中（如：内有固定设备或四壁向内倾斜收拢）。

（d）存在已识别出的健康、安全风险。

③ 如果以上条件都不存在，还应考虑是否符合以下"特殊情况"。

（a）现场无法确定是否是受限空间时，按进入受限空间作业进行管理。

（b）确定不需要采用许可证管理的受限空间，必须制定操作规程或操作卡，内容必须包含气体检测、针对风险的控制措施、进入监护和救援措施等。

（c）可能会遇到类似于受限空间进入时发生的潜在危害（如把头伸入30cm直径的管道或洞口或进入一个氮气吹扫过的罐内）。这些情况下，应进行危害分析，并采用受限空间许可证来控制此类作业的风险。

（d）用惰性气体吹扫受限空间，可能在空间进入口附近产生气体危害，在进入准备和进入期间，应当确定包括开口周围的危害区域，设置警戒区域，防止不经意间进入。

（2）受限空间作业：进入或探入受限空间进行的作业。

（3）受限空间作业存在风险：未经许可进入受限空间，导致风险未按要求进行识别和控制，存在作业人员中毒、窒息的风险。

(四) 管理要求

（1）应尽可能避免进入受限空间作业，如现场不具备条件，需进入受限空间作业时，应实施作业许可管理，办理受限空间进入许可证。

（2）受限空间进入许可证是现场进入受限空间作业的依据，只限在指定的作业区域和时间范围内使用，且不得涂改、代签。

（3）进入受限空间作业相关人员应培训并评估合格，清楚现场作业条件和风险，具备管理、实施现场作业的能力和经验，特种作业人员必须持有相应的资质。

（4）进入受限空间作业前应按照作业许可证或安全工作方案的要求进行气体检测，合格后方可作业。作业过程中应适时进行气体检测，发现异常情况应立即停止作业，撤出人员。气体检测扫及气体检测落实情况；

④ 个人防护装备的配备情况；

⑤ 安全、消防、急救设施的配备，应急措施的落实情况；

⑥ 人员培训和沟通情况；

⑦ 进入受限空间作业方案中其他安全措施的落实情况。

（11）作业人应当按照受限空间进入许可证和相关方案的要求进行作业。

（12）进入受限空间作业应指定专人监护，监护人不在现场不得作业。监护人和作业人应明确联络方式并始终保持有效沟通，如监护人可通过系在作业人员身上的救援绳进行沟通联络。

（13）受限空间内应当保持通风，保证空气流通和人员呼吸需要，可采取自然通风或强制通风，严禁向受限空间内通纯氧。进入受限空间期间的通风不能替代进入之前的吹扫工作，受限空间内的温度应控制在不对人员产生危害的安全范围内。

（14）照明及电气管理要求：

① 进入受限空间作业，应有足够的照明，照明灯具应符合防爆要求；

② 使用手持电动工具应有漏电保护装置；

③ 进入受限空间作业，照明应使用电压不大于 24V 且绝缘良好的安全行灯，特别潮湿的受限空间作业环境照明应使用电压不大于 12V 且绝缘良好的安全行灯；

④ 当受限空间原来盛装爆炸性液体、气体等介质的，应使用防爆电筒或防爆安全行灯，行灯变压器不应放在容器内或容器上。作业人员应穿戴防静电服装，使用防爆机具。

（15）进入受限空间作业期间，应当根据作业许可证或安全工作方案中规定的频次进行气体检测，并记录检测时间和结果，结果不合格时应立即停止作业。气体检测应当优先选择连续检测方式，若采用间断性检测，间隔不应超过 2h。

（16）如果进入受限空间作业中断超过 30min，继续作业前，作业人员、作业监护人应重新确认安全条件。作业中断过程中，应对受限空间采取必要的警示或隔离措施，防止人员误入。

（17）进入受限空间作业许可证的期限一般不超过一个班次，如在许可证规定期限内未完成作业，应申请延期，许可证延期使用作业延期单控制。延期最多 2 次，延期后总的作业期限不超过 24h。延期时，申请人和批准人应重新检查工作区域，确认所有的安全条件和措施仍然有效，方可批准延期；如有新的安全要求（如夜间照明等），应在申请上注明并落实后，方可批准延期。

（18）进入受限空间作业结束后，作业人员应当清理作业现场，解除相关隔离设施，监护人、监督人须共同对作业现场进行检查，确认无隐患后，申请人和批准人现场验收并在进入受限空间作业许可证的第一联签字确认关闭。

（五）案例

集团公司2006年至2017年10月，共发生工业安全生产亡人责任事故225起，死亡人数331人，其中受限空间作业风险管控措施不到位造成事故40起，死亡人数66人，分别占比17.8%（第一位）、19.9%（第二位）。

案例1 未执行作业许可进入受限空间

事故经过： 2006年2月20日，某建设集团化建公司所属球罐公司在某合成氨装置火炬系统阻火器水封罐检修过程中，发生氮气窒息事故，造成3人死亡。

合成氨装置火炬系统阻火器水封罐现场

球罐公司氮气窒息人员

事故原因：球罐公司在对合成氨装置火炬系统阻火器水封罐检修过程中，未执行进入受限空间作业许可，进入水封罐检修前未按要求对水封罐进行气体检测，因水封罐内氮气浓度过高，发生氮气窒息事故，造成3人死亡。

经验教训：未执行作业许可进入受限空间，这种行为极易造成自身或其他人员伤害，甚至伤亡、财产损失。

案例2　未执行有效操作规程进入受限空间

事故经过：2007年7月22日13时30分，某综合服务公司水暖二队，在处理家属小区下水主干线堵塞作业时，人工挖掘管沟至4m深时发生一起管线沟坍塌事故，造成2人死亡，事故直接经济损失19.6万元。

水暖二队开挖管沟作业

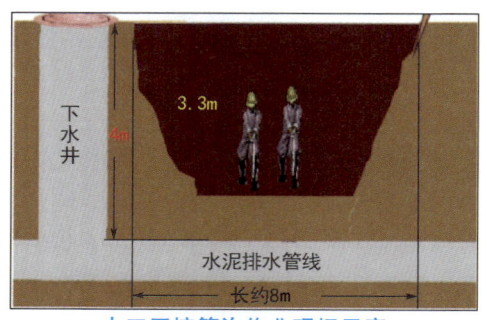

人工开挖管沟作业现场示意

事故原因：水暖二队在处理家属小区下水主干线堵塞作业时，人工挖掘管沟时未执行有效的操作规程，未对挖掘管沟人员做好防护措施，造成管线沟坍塌事故。

经验教训：未执行有效操作规程进入受限空间，这种行为极易造成自身或其他人员伤害，甚至伤亡、财产损失。

案例 3　未按规定频次、位置进行气体检测进入受限空间

事故经过：2005 年 2 月 19 日，某石化公司脱硫车间技术员，在进入硫黄回收装置制硫炉内检查时，因氨气窒息，抢救无效死亡。

事故原因：该技术员在进入硫黄回收装置制硫炉内检查时，未按规定重新对制硫炉内的气体进行检测分析，造成氨气窒息。

硫黄回收装置制硫炉

窒息人员牟某被抬出

经验教训：未按规定频次、位置进行气体检测进入受限空间，这种行为极易造成自身或其他人员伤害，甚至伤亡、财产损失。

案例4　未按要求佩戴防护装备进入受限空间

事故经过：2008年8月26日，在某公司某井污水池防腐涂层作业现场，承包商某公司在污水池防腐涂层作业过程中，发生一起人员中毒事故，造成2人死亡，1人重伤，1人轻伤。

事故原因：承包商某公司在污水池防腐涂层作业过程中，防腐涂料中苯含量达到31.4%，作业人员未按要求佩戴防毒面具，导致人员中毒事故发生。

经验教训：未按要求佩戴防护装备进入受限空间，这种行为极易造成自身或其他人员伤害，甚至伤亡、财产损失。

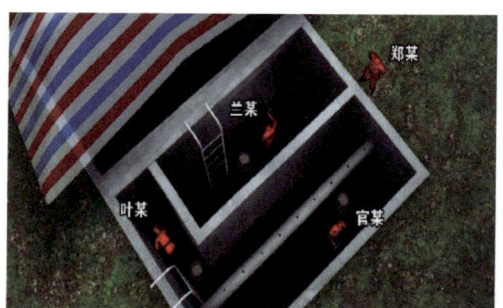

污水池防腐涂层作业

污水池防腐涂层作业人员中毒倒地

案例 5　未经监督、监护人同意进入受限空间

事故经过： 2010年7月26日，某联合站污水改造工程施工现场，某石油工程技术有限责任公司员工费某在污水罐内防腐施工时，未经监督、监护人同意，且未按要求佩戴防护装备进入罐内，中毒死亡。

事故原因： 在污水罐内防腐施工中，油漆挥发出的有毒气体在罐内聚集，费某未经监督、监护人同意，且未按要求佩戴防护装备进入罐内，中毒窒息死亡。

经验教训： 这是一起典型的未经监督、监护人同意进入受限空间导致的亡人事故。

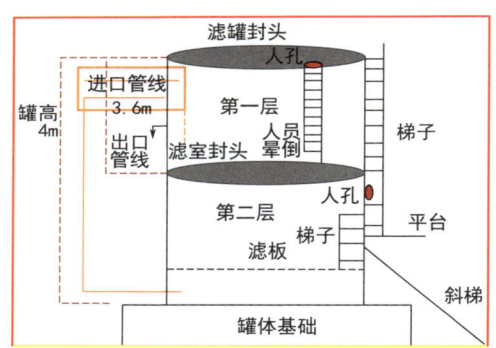

污水罐防腐作业现场图示

污水罐防腐作业现场

三、未经检测进行动火作业

（一）释义

➢ 防火防爆区域动火作业前未进行可燃气体、粉尘检测；

➢ 动火作业中未按规定频次、位置进行可燃气体检测。

（二）图标

未经检测进行动火作业

（三）相关知识点

（1）工业动火：在油气生产、炼油化工等易燃易爆危险区域内以及使用过含有易燃易爆介质的管线、容器设备上，从事任何能直接或间接产生热和火花的工作，如：气焊、电焊、铅焊、锡焊、塑料焊等各种焊接作业及气割；使用等离子切割机、砂轮机、磨光机等进行各种金属切割作业；使用喷灯、液化气炉、火炉、电炉等明火作业；烧、烤、煨管线、熬沥青、炒砂子、铁锤击（产生火花）物件、喷砂和产生火花的其他作业；生产装置、成品油库装卸作业区和罐区连接临时电源并使用非防爆电气设备和电动工具；使用雷管、炸药等进行爆破作业。

（2）未经检测进行动火作业的风险：动火作业前的可燃气体、粉尘检测是确认动火作业环境是否安全的关键环节，未经检测进行动火作业存在火灾、爆炸的风险。

（四）管理要求

（1）工业动火作业实行作业许可管理，应办理工业动火作业许可证，未办理动火作业许可证严禁动火。

（2）动火作业许可证是现场动火的依据，只限在指定的地点和时间范围内使用，且不得涂改、代签。一份动火作业许可证只限在同类介质、同一设备（管线）、指定的区域内使用，严禁与动火作业许可证内容不符的动火。

（3）六级风以上（含六级风）应停止一切室外动火作业。

（4）在夜晚、节假日期间以及异常天气等特殊情况下禁止动火，必须进行的动火作业，实施升级审批，申请人和批准人应全程坚守作业现场,落实各项安全措施,保证动火作业安全。

(5)应对作业区域或动火点可燃气体浓度进行检测,合格后方可动火。动火作业时间距离气体检测时间不应超过 30min,超过 30min 仍未开始动火作业的,应重新进行检测。

(6)动火作业许可证的期限一般不超过一个班次,如果在许可证规定的期限内没有完成作业,申请人需填写延期申请。延期最多 2 次,延期后总的作业期限不超过 24h。如需延期,申请人和批准人应重新检查工作区域,确认所有的安全条件和措施仍然有效,方可批准延期,如有新的安全要求(如夜间照明等)应在申请上注明,在新的要求都落实以后,申请人和批准人方可在作业延期单上签字延期。

（五）案例

集团公司 2006 年至 2017 年 10 月，共发生工业安全生产亡人责任事故 225 起，死亡人数 331 人，其中动火作业风险管控措施不到位造成事故 39 起，死亡人数 104 人，分别占比 17.3%（第二位）、31.4%（第一位）。

案例 1　防火防爆区域动火作业前未进行可燃气体、粉尘检测

事故经过： 2006 年 7 月 7 日 17 时 20 分左右，某公司下属的建筑公司作业人员在某石化分公司烯烃厂聚乙烯装置 A 线聚合釜进行清釜作业时，釜内突然闪爆，造成 3 人死亡，5 人烧伤的重大承包商事故。

事故原因： 清釜作业前未对釜内进行可燃气体检测，清釜过程中产生火花或静电，导致闪爆。

聚合釜现场图

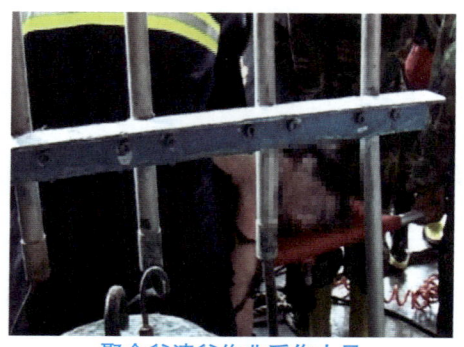
聚合釜清釜作业受伤人员

经验教训：动火作业前的可燃气体、粉尘检测是确认动火作业环境是否安全的关键环节，未经检测进行动火作业存在火灾、爆炸的风险。

案例 2　动火作业中未按规定频次、位置进行可燃气体检测

事故经过：2017 年 5 月 9 日，某油气处理厂 1 号接收水罐利用潜水泵进行罐内清淤时，发生闪爆事故，检修作业人员 8 人被灼伤（甲方 1 人，承包商 7 人），直接经济损失 1.62 万元。

事故原因：可燃气体检测位置、时间均不合理，检测结果不能真实反映罐内气体组分，造成检修人员误判，发生闪爆。

经验教训：这是一起典型的动火作业中未按规定频次、位置进行可燃气体检测造成的闪爆事故。

接收水罐闪爆事故现场（一）

接收水罐闪爆事故现场（二）

案例3 防火防爆区动火作业前未进行可燃气体检测

事故经过： 2006年12月11日14时21分，某石油化工公司助剂厂顺酐装置在试运行紧急停工检修期间，对装置内常压凝水储罐顶部进行焊接作业时发生闪爆事故，造成3人死亡。

事故原因： 动火作业前未进行可燃气体检测，焊渣掉入罐内导致闪爆。

焊接作业事故现场示意图

事故现场闪爆示意图

经验教训： 这是一起典型的防火防爆区动火作业前未进行可燃气体检测造成的闪爆事故。

案例 4 在焊接作业前未对易燃物进行隔离，未对罐内可燃气体进行检测

事故经过： 2013 年 6 月 2 日，某石化分公司第一联合车间三苯罐区 939 号杂料罐在动火作业过程中发生爆炸、泄漏物料着火事故，并引起 937 号、936 号、

935号3个储罐相继爆炸着火,事故造成4人死亡,直接经济损失697万元。

"6·2"爆炸、火灾事故现场图(一)

"6·2"爆炸、火灾事故现场图(二)

事故原因：作业人员在焊接作业前未对易燃物进行隔离，未对罐内可燃气体进行检测，违规进行气割动火作业，切割火焰引燃泄漏的甲苯等易燃易爆气体，回火至罐内引起储罐爆炸。

经验教训：这是一起典型的在焊接作业前未对易燃物进行隔离，未对罐内可燃气体进行检测造成的爆炸着火事故。

案例5 动火作业未按规定频次、位置进行可燃气体检测

事故经过：2008年9月4日，某油田有限公司建设集团安装公司在该油田含油污水处理站改造施工时，发生火灾事故，造成1人死亡。

事故原因：在含油污水处理站改造施工时，未对含油污水罐进行可燃气体检测，进行动火作业，导致火灾事故发生。

经验教训：这是一起典型的动火作业未

按规定频次、位置进行可燃气体检测造成的火灾事故。

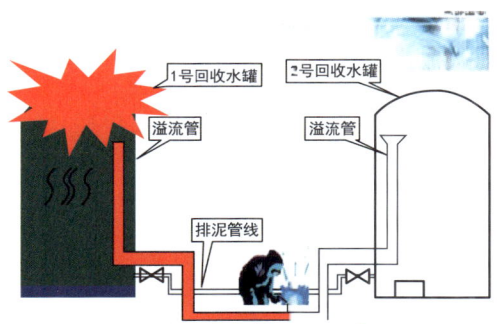

"9·4"火灾事故现场示意图

含油污水罐火灾事故现场

四、未经防护进行高处作业

(一) 释义

➢ 未按要求使用安全带、安全网、安全绳等有效的防坠落装置进行高处作业；

➢ 使用未经检查确认合格的脚手架、梯子和其他登高设施。

(二) 图标

未经防护进行高处作业

（三）相关知识点

（1）高处作业：在距坠落高度基准面 2m 或 2m 以上有可能坠落的高处进行的作业。

（2）特殊高处作业：风险高于一般高处作业的高处作业，特殊高处作业包括：

① 在室外完全采用人工照明进行的夜间高处作业；

② 在无立足点或无牢靠立足点的条件下进行的悬空高处作业；

③ 在易燃、易爆、易中毒、易灼烧的区域或转动设备附近进行的高处作业；

④ 在无平台、无防护栏的塔、炉、罐等化工容器、设备及架空管道上进行的高处作业；

⑤ 在塔、炉、罐等化工容器设备内进行的高处作业；

⑥ 在排放有毒、有害气体、粉尘的排放口附近进行的高处作业。

（3）安全带：防止高处作业人员发生坠落或发生坠落后将作业人员安全悬挂在空中的防护用品。

（4）安全网：用来防止人、物坠落，或用来避免、减轻坠落及物击伤害的网具。

（5）安全绳（系索）：在安全带中系带和挂点之间的长绳(带、钢丝绳)。

（6）未经防护进行高处作业存在的风险：坠落是高处作业的最大风险，极易导致人员伤亡，必须采用有效的防坠落装备和措施来控制和消除坠落风险。

（四）管理要求

（1）高处作业实行作业许可管理，应针对作业内容进行工作前安全分析，办理高处作业许可证。

（2）高处作业许可证是现场作业的依据，只限在指定的地点和规定的时间内使用，且不得涂改、代签。

（3）高处作业应尽可能避免交叉作业，如无法避免，应设置专门的人员上下通道或路线。不得上下垂直作业，如无法避免，中间应设计安全网等隔离设施。

（4）高处作业许可证签发涉及的批准人、监督人、申请人、作业人应培训评估合格，清楚现场作业条件和风险，具备管理或实施作业的能力。

（5）专门或经常从事高处作业的人员，应经专门的安全技术培训并考核合格，持证上岗作业。

（6）作业人员应按规定系用与作业内容相适应的安全带。安全带应高挂低用，不得系挂在移动、不牢固的物件上或有尖锐棱角的部位，系挂后应检查安全带扣环是否扣牢。悬空作业，应全程使用五点双挂全身式安全带。

（7）特殊高处作业相关要求：

① 应编制工作方案(包含作业高度30m及以上的高处作业)；

② 严禁在环境温度超过40℃、低于-20℃时进行高处作业；

③ 在带电体附近进行高处作业时，与架空线路应该保持安全距离。

（8）紧急情况下的应急抢险所涉及的高处作业，遵循应急管理程序，确保风险控制措施落实到位。

（9）作业申请人负责与作业区域所在单位进行沟通，准备高处作业许可证等相关资料，提出高处作业申请。

（10）作业前，申请人应针对作业内容组织培训，高处作业人员、监护人及相关方人员应熟悉高处作业方案、坠落风险、防坠落装置的检查和使用、救援方案及现场应急措施。

（11）高处作业实施前作业申请人应对作业人员进行安全交底，明确作业风险和作业要求，作业人员应按照高处作业许可证的要求进行作业。

（12）高处作业范围内的安全设施不得随意变更。所有安全防护设施，任何人都不得损坏或擅自移动和拆除。因作业需要，临时拆除或变动安全防护设施时，应经批准人和申请人评估，并采取相应的可靠措施，作业完毕后应立即恢复。

（13）高处作业许可的期限一般不超过一个班次，如果在许可证规定的期限内没有完成作业，需要申请延期，延期时间最长不超过安全工作许可证的时间。如需延期，申请人应重新检查工作区域，确认所有的安全条件和措施仍然有效，如有新的安全要求，应在延期单上注明,批准人核实安全措施有效落实后方可批准延期。

(五) 案例

集团公司 2006 年至 2017 年 10 月,共发生工业安全生产亡人责任事故 225 起,死亡人数 331 人,其中高处作业风险管控措施不到位造成事故 39 起,死亡人数 40 人,分别占比 17.3%(第二位)、12%(第三位)。

案例 1 未按要求使用安全带、安全网、安全绳等有效的防坠落装置进行高处作业

事故经过: 2014 年 10 月 24 日 18 时 44 分,某公司加油站(左侧)一名员工,在加油站房北侧二楼便利店外挑檐处悬挂宣传布标过程中,不慎从挑檐上坠落地面受伤,经抢救无效死亡。

在加油站外挑檐处悬挂宣传布标

在加油站外挑檐悬挂宣传布标的人员发生坠落

事故原因： 该加油站员工在加油站房北侧二楼便利店外挑檐处悬挂宣传布标的过程中，未按要求使用安全带进行作业，导致事故发生。

经验教训： 未按要求使用安全带、安全网、安全绳等有效的防坠落装置进行高处作业，极易导致人员伤害、伤亡，必须采用有效的防坠落装备和措施来控制和消除坠落风险。

案例 2　使用未经检查确认合格的脚手架、梯子和其他登高设施

事故经过： 2012 年 9 月 11 日，某特种防腐有限公司在某石化含硫原油加工配套工程中间原料罐区新建的一座储罐内搭设脚手架时，发生一起脚手架坍塌引发的高处坠落事故，造成 2 人死亡，1 人重伤。

脚手架搭设作业

脚手架坍塌引发高处坠落

事故原因：该特种防腐有限公司在搭设脚手架时，使用未经检查确认合格的脚手架，导致事故发生。

经验教训：使用未经检查确认合格的脚手架、梯子和其他登高设施，极易导致人员伤害、伤亡，必须采用有效的防坠落装备和措施来控制和消除坠落风险。

案例3　未按要求使用安全带进行高处作业

事故经过：2008年5月6日16时，某钻井队在井场拆除二层台上一块翘裂严重的铁板，作业人员在距离地面36m的高处作业没有系挂安全带，也没有将拆卸物（指梁及指梁盖板）进行捆绑、固定，导致销子被卸下后，指梁、指梁盖板及作业人员一同从高处坠地，作业人员在送往医院途中死亡。

钻井队作业人员在二层台上进行拆除作业

高处拆卸作业坠落现场

事故原因：作业人员不了解二层台指梁、指梁盖板和井架之间的连接关系，拆卸作业没有系挂安全带,盲目进行高处拆卸作业,导致指梁、指梁盖板失去支撑,发生坠落事故。

经验教训: 高处拆卸作业未系安全带是本次坠落事故发生的重要原因,应深刻吸取教训。

五、未经能量隔离进行施工作业

(一) 释义

➢ 未对相关的电、机械、化学、热或其他形式的能量进行隔离;
➢ 未对相关有毒有害物质进行隔离;
➢ 未对能量隔离点上锁挂签:
➢ 未测试验证能量隔离的有效性。

(二) 图标

未经能量隔离进行施工作业

（三）相关知识点

（1）隔离：将阀件、电气开关、蓄能配件等设定在合适的位置或借助特定的设施使设备不能运转或危险能量和物料不能释放的措施。

（2）隔离装置：防止危险能量和物料传递或释放的机械装置，如电路隔离开关、电源或熔断器开关、管道阀门、盲板、机械阻塞或用于阻塞、隔离能源的类似装置。

（3）上锁设施：保证能够上锁的辅助设施，如锁箱、锁扣、阀门锁套、链条等。

（4）未经能量隔离进行施工作业存在的风险：在施工作业过程中，如不进行有效的能量隔离，极有可能导致能量意外释放，危及作业者人身安全。

（四）管理要求

（1）作业前，为避免危险能量和物料意外释放可能导致的危害，应辨识作业区域内设备、系统或环境内所有的危险能量和物料的来源及类型，并确认有效隔离点。

（2）作业管理单位应根据辨识结果，书面明确上锁点和隔离方式，必要时编制能量隔离方案，隔离方案应包含但不限于以下内容：

① 作业内容；
② 被隔离的物质和能量；
③ 隔离点；
④ 隔离方式；
⑤ 释放能量的方式。

（3）电气工作的隔离和防护，应事前与电气专业人员讨论或在其指导下进行，并确保准确和彻底的隔离。

（4）上锁挂签后应确认危险能量

和物料已被隔离或去除。如释放能量或物料,观察压力表、视镜或液面指示器,确认储存的危险能量已被隔离或去除;目视确认组件已断开、转动设备已停止转动;对暴露于电气危险的工作任务,应检查电源已断开。

(5)为确认危险能量和物料被有效隔离,应进行测试。

(6)在作业过程中,作业人员有权要求进行必要的再次测试和确认。对设备进行试运转、试送电后,应对上锁挂签状态进行再确认。

(7)当作业完成时,作业管理单位应检查设备是否符合要求。检查时,如发现有任何问题,通知作业单位进行处理。当确认符合要求,现场风险已解除,方可解锁。

(8)防火防爆区域使用的锁具应满足防火防爆要求。

(9)作业管理单位应确保挂签信

息正确、清晰。

（五）案例

集团公司 2006 年至 2017 年 10 月发生工业安全生产亡人责任事故 225 起，死亡人数 331 人，其中能量隔离措施不到位造成事故 18 起，死亡人数 20 人，分别占比 8%（第五位）、5%（第五位）。

案例 1　未对相关的电、机械、化学、热或其他形式的能量进行隔离

2006 年 5 月 9 日 5 时 20 分，某石化公司塑料厂成品车间 $20×10^4$ t 高压包装 C 线发生一起机械伤害事故，该事故造成 1 人死亡。

事故原因： 对 $20×10^4$ t 高压包装 C 线进行检修前，未断电隔离电能和机械能，导致事故发生。

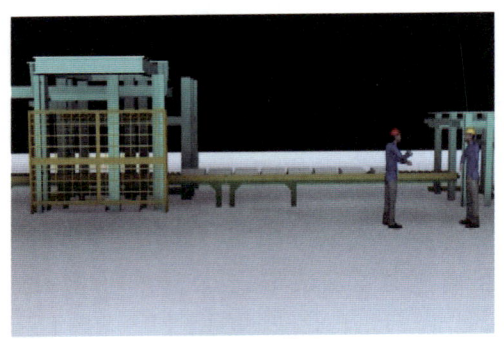

聚乙烯包装线

机械伤害事故图示

经验教训: 在作业过程中未对相关的电能和机械能进行隔离,易造成触电、机械伤害等事故。

案例 2 未对相关有毒有害物质进行隔离

2008 年 9 月 4 日,某油田有限责任公司建设集团安装公司在某油田有限责任公司第二采油厂新南 11-2 含油污水处理站改造施工时,发生火灾事故,事故造成 1 人死亡。

污水回收罐焊接点

事故后的污水回收罐

事故原因： 新南 11-2 含油污水处理站改造施工时，未对污水系统进行有效隔离，导致事故发生。

经验教训： 在作业过程中应对相关有毒有害物质进行隔离。

案例 3 未对能量隔离点上锁挂签

2018 年 5 月 1 日 18 时 16 分，某油田某井在起钻过程中，井架工杜某在二层平台配合作业时，安全带尾绳触碰气动绞车操作手柄造成绞车转动，安全带尾绳缠绕在绞车卷筒上，杜某被拉动摔倒在气动绞车上，不断收紧的安全带将其勒紧，杜某窒息死亡。

事故原因： 某井在起钻过程中未对气动绞车能量隔离点上锁挂签，导致事故发生。

经验教训： 在作业过程中应对能量隔离点上锁挂签。

气动绞车现场图

事故现场图

案例 4　未测试验证能量隔离的有效性

事故经过： 2017 年 11 月 30 日，某石化公司炼油厂重油催化裂化装置停工检修，在拆卸 E2208/2 油浆蒸发器封头螺栓的过程中，封头崩开，管束从壳体纵向射出，发生物体打击事故，造成现场施工人员 5 人死亡、2 人重伤、14 人轻伤。

油浆蒸发器封头崩开现场图（一）

油浆蒸发器封头崩开现场图（二）

事故原因： 在拆卸 E2208/2 油浆蒸发器封头螺栓前，未确认 E2208/2 能量隔离是否有效，导致事故发生。

经验教训： 这是一起典型的未测试验证能量隔离效果引发的亡人事故。

六、未经现场确认签批作业票

(一) 释义

> 作业前、作业后未现场确认危害及风险控制措施。

(二) 图标

未经现场确认签批作业票

(三) 相关知识点

工作前安全分析：事先或定期对某

项工作任务进行风险评价,并根据评价结果制定和实施相应的控制措施,达到最大限度消除或控制风险的目的。

(四) 管理要求

(1) 在进行的工作中如果包含下列工作,还应同时办理高危作业许可证,具体要求执行相关安全管理标准:

① 工业动火;

② 进入受限空间;

③ 挖掘作业;

④ 临时用电;

⑤ 管线打开;

⑥ 吊装作业;

⑦ 高处作业。

(2) 工作前安全分析范围。

工作前安全分析应用于下列作业活动:

① 新的作业;

② 非常规性(临时)的作业;
③ 承包商作业;
④ 改变现有的作业;
⑤ 评估现有的作业。

(3) 风险控制措施。

① 工作前应识别该工作任务关键环节的危害因素,并填写工作前安全分析表。识别危害因素时应充分考虑人员、设备、材料、环境、方法五个方面和正常、异常、紧急三种状态。

② 对存在潜在危害的关键活动或重要步骤进行风险评价。根据判别标准确定初始风险等级和风险是否可接受。风险评价宜选择半定量风险矩阵法或危险等级划分(LEC)法。

③ 应针对识别出的每个风险制定控制措施,将风险降低到可接受的范围。

④ 在选择风险控制措施时,应考虑控制措施的优先顺序。风险控制措施优先考虑采取消除、替代、降低、隔离的

工程措施，其次考虑采取程序、减少员工接触时间、个人防护装备的管理控制措施。

（4）在各单位管理辖区内进行下列工作应办理安全工作许可证：

① 非计划性维修工作(未列入日常维护计划或无程序指导的维修工作)；

② 承包商非常规作业；

③ 偏离安全标准、规则、程序要求的工作；

④ 没有安全程序可遵循的工作；

⑤ 交叉作业；

⑥ 屏蔽和中断报警、联锁和安全应急设备；

⑦ 除以上工作外，其他因人员变更、气候变化、特殊时段等可能造成常规作业中风险变化的作业也应执行安全工作许可程序。对不能确定是否需要办理许可证的其他工作，办理安全工作许可证。

（5）作业前申请人应提出申请，填写安全工作许可证，同时提供以下相关资料：

① 作业内容说明；

② 相关附图，如：作业环境示意图、工艺流程图、平面布置示意图等；

③ 风险评估（如工作前安全分析）；

④ 安全措施或安全工作方案；

⑤ 其他相关资料。

（6）在收到申请人的作业许可申请后，批准人应组织申请人和作业涉及相关方人员，集中对相关资料进行书面审查。审查内容包括：

① 作业的详细内容；

② 所有的相关支持文件，包括风险评估、工作方案、作业区域相关示意图、作业人员资质等；

③ 安全作业所涉及的其他相关规范遵循情况；

④ 作业前、作业后应采取的所有

安全措施,包括应急措施;

⑤ 分析、评估周围环境或相邻工作区域间的相互影响,并确认安全措施;

⑥ 许可证期限;

⑦ 其他。

(7)书面审查通过后,批准人应组织申请人和相关人员到安全工作许可证涉及的工作区域进行现场核查,确认各项安全措施的落实情况。确认内容包括但不限于以下内容:

① 与作业有关的设备、工具、材料等;

② 现场作业人员资质及能力情况;

③ 系统隔离、置换、吹扫、检测情况;

④ 个人防护用品的配备情况;

⑤ 安全、消防、急救设施的配备,应急措施的落实情况;

⑥ 人员培训和沟通情况;

⑦ 工作方案中提出的其他安全措

施落实情况。

(五) 案例

集团公司 2006 年至 2017 年 10 月，共发生工业安全生产亡人责任事故 225 起，死亡人数 331 人，其中因未现场确认危害及风险控制措施造成事故 21 起（占 9.3%，第四位），死亡人数 34 人（占 10.3%，第四位）。

作业前、作业后未现场确认危害及风险控制措施，不能保证风险控制措施的针对性、有效性，极易造成作业现场风险失控。

案例 1　作业前未现场确认危害及风险控制措施

事故经过： 2005 年 11 月 10 日 22 时，某井钻井完钻后，当班班长 A 某（司钻）带领本班人员开始拆封井器，用大钩吊起封井器放到轨道滑车上,准备将封井器撤离井口,在向外推滑车过程中,由于轨道接头处不平,有1.5cm的高度差,滑车车轮遇到断面阻力发生震动,致使车上的封井器偏斜倾倒,砸在滑车右侧推车的B某(当年8月新招市场化员工)头部,致使B某受重伤,送医院抢救无死亡。

拆封井器现场图

事故原因: 在安装滑车轨道过程中,未在前端轨道底部设置枕木,也没有垫装合适的支架,导致整体轨道前端低于中端 1.5cm;开钻前未进行详细验收,未发现滑车轨道前端低于中端 1.5cm;将封井器吊装到滑车上,未将其摆放在滑车中心位置,也未将其与滑车捆绑固定,由于封井器重心较高,移动滑车遇阻震动造成封井器倾倒。

经验教训: 作业前应进行工作前安全分析,辨识每一个操作步骤存在的风险,对辨识出的风险制定落实消减防范措施,杜绝盲目冒险蛮干、违章操作;作业前应对设备设施进行全面检查,及时消除设备隐患。

案例 2 作业前未现场确认危害及风险控制措施

事故经过: 2010 年 2 月 8 日 16 时 22 分,某钻采工具有限公司在某油气田公司某井进行井口隐患治理过程中发生物体打击事故,造成承包商员工3人死亡、3人轻伤,经济损失5万元。

某油气田公司"2·8"物体打击事故示意图(一)

某油气田公司"2·8"物体打击事故示意图(二)

事故原因: 生产单位将高危作业视为常规作业管理,作业前未现场确认危害及风险控制措施。

经验教训: 作业前未现场确认危害及风险控制措施,易引发安全生产事故,需刻谨记。

案例 3 作业前未现场确认危害及风险控制措施

事故经过: 2008 年 1 月 7 日,某石化公司常减压装置在维修塔顶空冷器漏油管束过程中,拆卸空冷器丝堵造成汽油泄漏,喷溅到二层平台后又流到一层的减压塔底渣油换热器上,恰好该换热器封头渗漏渣油并阴燃,二者相遇达到爆炸极限,产生闪爆,造成 1 人死亡、1 人重伤。

事故原因: 未现场确认设备中是否存有可燃物料,周围是否存在高温体表面。

事故现场

引起闪爆的设备

七、未经审批实施变更

(一) 释义

➢ 未经风险评估审批工艺、设备、规程、方案变更；

➢ 未经审批实施工艺、设备、规程、方案变更。

(二) 图标

未经审批实施变更

(三) 相关知识点

（1）变更：对工艺技术、设备设

施、工艺参数等的改变,导致与原设计有偏离。

(2)同类替换:属于变更的范畴,符合原设计规格的替换,不需要执行变更审批程序。

(3)微小变更:影响较小,不造成任何工艺参数、设计参数等的改变,但又不是同类替换的变更。

(4)重大变更:影响较大,涉及工艺技术的改变、设施功能的变化或重要工艺参数改变(如压力等级的改变、压力报警值的设定等)的变更。

(5)紧急变更:为保护员工健康与安全、环境或设备的完整以及避免重大经济损失而需要在48h内实施的变更。

(6)变更管理:为防止在对现有工艺、设备进行变更时引入不可控制的工艺风险而建立的管理程序。

(7)未经审批实施变更存在的危

害：未经审批实施变更将引入未知的风险，因不能针对性地制定有效的防控措施，容易导致事故事件发生。

（四）管理要求

1. 变更范围

（1）生产能力的改变。

（2）物料的改变（包括成分比例的变化）。

（3）化学药剂和催化剂的改变。

（4）设备、设施负荷的改变。

（5）工艺设备设计依据的改变。

（6）设备和工具的改变或改进。

（7）工艺参数的改变（如温度、压力、流量等）。

（8）安全报警设定值的改变。

（9）仪表控制系统及逻辑的改变。

（10）软件系统的改变。

（11）安全装置及安全联锁的改变。

（12）非标准的（或临时性的）维修。

（13）操作规程的改变。

（14）试验及测试操作的改变。

（15）设备、原材料供货商的改变。

（16）运输线路的改变。

（17）装置布局改变。

（18）产品质量改变。

（19）设计和安装过程的改变。

（20）其他变化。

2. 变更的申请

（1）变更的申请应由工艺、设备的拥有者提出，对于来源于内部生产、安全等需要提出的变更，一般由基层单位提出，具体由各单位明确。

（2）对于由上级部门和单位提出的变更，可以由具有管辖决定权的单位和部门提出申请,也可指定工艺和设备的拥有单位提出申请。

(3)变更申请人应初步判断变更类型、影响因素、范围等情况,按分类做好实施变更前的各项准备工作,提出变更申请。

3. 变更的审查与批准

(1)微小变更应由熟悉此技术的人员审查。

(2)重大变更和紧急变更应组建技术与安全审查小组进行审查。

(3)技术与安全审查应当充分考虑变更对工艺系统安全的影响,重大变更应进行工艺安全分析。

(4)技术与安全审查应明确采用的工艺安全分析方法,该方法应与此变更相适应,具体可参照油田公司工艺安全分析管理标准。

（5）技术与安全审查应明确指出变更对员工健康与安全、环境及产品质量的影响。

（6）在进行充分审查的基础上，由有权或获得授权的直线领导批准变更。

4. 变更的实施

（1）变更不得未获批准就实施。

（2）变更应严格按照变更审批确定的内容和范围实施，并对变更过程实施跟踪。

（五）案例

集团公司2006年至2017年10月，共发生工业安全生产亡人责任事故225起，死亡人数331人，其中未经审批实施变更造成事故9起（占4%，第八位），死亡人数13人（占3.9%，第八位）。

案例 1　未经风险评估审批工艺变更

2017年4月26日下午，某天然气站进行再生气流量计更换作业，18时45分作业结束，主要作业人员撤离出站，现场一名实习生在干燥橇附近学习流程，18时55分49秒1号加热器天然气泄漏起火，火焰引燃该实习生工作服，该实习生迅速逃离进行自救。

某天然气站进行再生气流量计更换作业

1号加热器天然气泄漏起火事故现场

事故原因： 未对再生气流量计更换作业进行风险评估就审批了工艺变更进行作业，现场风险消减措施不到位，导致事故发生。

经验教训： 未经风险评估审批工艺变更，易造成对现场存在的风险不明确，风险消减措施不到位，易引发安全事故。

案例2　未经风险评估审批工艺变更

事故经过： 2009年4月26日，某市某炼化工程公司检维修中心电气专业技术干部王某根据某石化公司生产运行处下发的《2009年部分电气预防性试验相关事宜工作安排的通知》(2009年4月14日下发),安排人员对蒸馏高压二段进行检修。14时35分李某、石某二人超出工作票范围,清理断路器卫生导致石某触电,李某立即组织现场人员将石某送医院抢救,石某经抢救无效死亡。

检修高压配电室

事故原因： 由于作业现场情况发生变化，电气专业管理人员对存在的重大危险因素认识不足，未及时根据变化后的实际情况进行风险识别和安全交底工作。

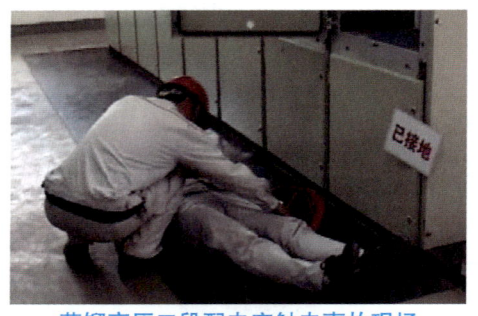

蒸馏高压二段配电室触电事故现场

经验教训： 未经风险评估对检修方案进行变更，易引发安全事故。

案例3 未经风险评估审批工艺变更

事故经过： 2012年1月5日，某石化公司加氢车间进行压缩机检修前切换作业，在办理三级操作变更过程中，设备员王某违章指挥压缩机岗位人员启动备机，使高压氢气窜入常压放空管道，发生氢气燃爆事故，造成放空管折断，将车间安全监督员王某某砸伤，经抢救无效死亡。

事故原因：

（1）三级操作变更应由主管主任现场指挥并下达指令，并组织进行监督确认；实际操作中设备员在车间设备主任、安全监督、班长去现场途中，主操作人员未到场的情况下，违章指挥。

（2）氢气循环机出入口阀门增加了电动执行机构，操作变更程序卡没有提交主管部门进行审批。

经验教训： 这是一起工艺变更未经风险评估审批的责任事故。

加氢车间

加氢车间氢气燃爆

违章人员王某某被砸

八、在运行中的起重设备下穿行或停留

(一)释义

➢ 在吊物下穿行或停留；

➢ 吊物移动过程中在吊臂下穿行或停留；

➢ 非作业人员进入吊装作业现场设定的警戒区域。

(二)图标

在运行中的起重设备下
穿行或停留

(三) 相关知识点

（1）吊装作业：利用各种吊装机具将设备、工件、器具、材料等吊起，使其发生位置变化的作业过程。

（2）关键性吊装作业。

当符合下列任何一种条件时，应视为是关键性吊装作业：

① 货物需要2台（含2台）以上起重机联合吊装的作业；

② 臂架式起重机起吊重量在相应工况下最大载荷能力的75%以上；

③ 吊物在障碍物另一边时，起重机操作手仅靠两级（含两级以上）传递指挥信号的操作；

④ 吊物或吊臂接近架空管线电线、设备设施；

⑤ 支腿在管沟边缘、挡土墙边缘附近2m以内或支腿在不可避让的管沟上的吊装作业。

(3)吊具、索具:吊装作业的专用附属工具,如钢丝绳、吊带、吊链、滑轮、索环、横担、专用吊钩、牵引绳等。

(4)吊装作业过程中存在的风险:吊装作业过程中可能存在重物坠落、起重机失稳倾翻等风险,人员在起重设备吊臂或吊物下穿行或停留,易造成物体打击、机械伤害等事故。

(四)管理要求

(1)吊装作业实行作业许可管理,作业前应进行工作前安全分析,并按要求办理吊装作业许可证。

(2)吊装作业许可证是现场作业的依据,只限在指定的地点和时间范围内使用,且不得涂改、代签。

(3)吊装作业许可证签发涉及的批准人、监督人、申请人、作业人应经培训评估合格，清楚现场作业条件和风险，具备管理、实施现场作业的能力和经验，起重机械指挥、起重机司机等特种设备作业人员应持有相应的资质证，其中汽车起重机司机应由本单位培训评估合格并取得上岗资质。

（4）指挥起重作业时应佩戴标识。

（5）吊装作业区域应设置隔离或警示标识，禁止非作业人员进入吊装作业区域。

（6）在升起、旋转、放下货物时应鸣笛警示。

（7）开始吊装前应进行试吊，即将吊物吊离地面 20～30cm，停留 60s，确认正常后才可以进行吊装作业。

（8）在吊物离开支撑面后应控制吊物摆动，使用牵引绳时禁止将牵引绳缠绕在身体的任何部位。

（9）防脱钩装置处于良好状态，且被正确使用，始终保持起重机作业时处于水平状态。

（10）在收回全部吊臂后才能收回支腿，在没有完全收回支腿之前禁止移动吊车。

（11）在吊物处于悬吊状态中不得关闭发动机，始终保持对起重机的操作控制，起重机司机不得离开操作室并随时进行警示和提醒。

（12）吊运货物须捆绑牢固，使用牵引绳（钩）保持吊物稳定，限制速度防止吊物摆动。

（13）任何人员不得在悬挂的货物下工作、站立、行走，不得随同货物或起重机械升降。

（14）中途停工或休息时，不得将吊物、吊索具吊在空中。

（15）当联络中断时，起重机司机应停止所有操作，直到重新恢复联系。

(五) 案例

集团公司 2006 年至 2017 年 10 月，共发生工业安全生产亡人责任事故 225 起，死亡人数 331 人，其中在运行中的起重设备下穿行或停留造成事故 17 起（占 7.6%，第七位），死亡人数 18 人（占 5.4%，第七位）。

案例 1　在吊物下穿行或停留

事故经过： 2013 年 3 月 23 日 9 时 15 分，某石化工程建设有限公司第一项目经理部协作单位某建筑安装有限公司，在某石化公司常减压装置检修常压区 102 框架 E108A/B 换热器拆卸过程中，发生一起物体打击事故，造成 1 人死亡。

事故原因： 在吊装现场，存在立体交叉作业，人员违规进入吊装区域停留，导致发生物体打击事故。

常减压装置物体打击事故现场

周某、于某在二层进行吊装作业

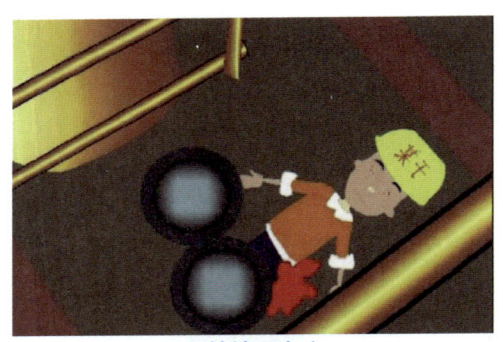

于某被砸身亡

经验教训：加强吊装现场管理，严禁在吊装区域停留，避免发生事故。

案例 2 吊物移动过程中在吊臂下穿行或停留

事故经过：某日上午 9 时 25 分许，在某市一建筑工地内，起重机操作员刘某荟在使用履带起重机吊装混凝土浇筑施工作业过程中，料斗钢丝绳突然断裂，料斗砸中在吊臂下方监护搓管机的哥哥刘某锐,并导致其当场死亡。

履带起重机吊装料斗钢丝绳
断裂砸人事故现场

事故原因: 涉事履带式起重机在吊运混凝土料斗进行灌注作业过程中,吊运钢丝绳突然断裂,引发料斗坠落,砸中处于起重作业范围内的工人,导致本次事故发生。

经验教训: 加强安全自我保护意识,严禁在吊装作业区域停留,避免吊物在移动过程中意外坠落造成物体打击事故。

案例3 非作业人员进入吊装作业现场设定的警戒区域

事故经过： 2000年11月3日，某市乙烯项目裂解炉施工现场，某工程公司某起重班指挥30t塔吊吊装F型炉管，因吊点在管段中心线以下，同时未采取防滑措施，造成起吊后钢丝绳滑动，管段急速下降900mm，在外力作用下钢丝绳断裂，将刚从裂解炉直爬梯下到地面准备换氩气的电焊工挤压致伤。

炉管坠落现场

事故原因： 起重工违反规定，未采取防滑措施造成事故；监护不到位，使无关人员进入吊装区域。

经验教训： 加强吊装现场管理，严禁非作业人员进入吊装作业警戒区域，以免发生事故。

九、现场作业使用手机

(一) 释义

➢ 携带非防爆手机进入防火防爆区域；
➢ 驾车使用手机；
➢ 操作过程中使用手机。

(二) 图标

现场作业使用手机

（三）相关知识点

（1）爆炸危险区域：爆炸性混合物出现的或预期可能出现的数量达到足以要求对电气设备的结构、安装和使用采取预防措施的区域。

（2）现场作业使用手机的危害：携带非防爆手机进入防火防爆区域，存在火灾爆炸的风险。作业过程中使用手机，存在人员精力分散、能力降低的风险，极易导致事故事件发生。

（3）在易燃易爆场所手机可能成为点火源。

手机发射或接收的是空中无线电波（射频电磁波），它能使接收无线电的天线感生射频电流，这种射频电流在金属导体中环流时，容易在接触不良处（如锈蚀产生的间隙）产生放电火花——射频火花，从而提供了火源。而金属制成的油罐、管线，实际上能起到无线电接收天线的作用，因此，也能感应出感生射频电流，其电流的电压小到几毫伏，大到上万伏。

油罐、管线等静电接地不良，将会引起放电；当存在与接收天线类似的金属构架时，手机与其有可能产生射频电流，引起放电，可能会造成可燃气体的燃烧；场地本身存在金属构架，且接触不良，手机通话也可能使其产生电火花。

（4）开车时打手机发生事故的概率是普通状态下的2.8倍；开车时看手机发生事故的概率是普通状态下的23倍。看一眼手机通常需要3s，假如以60km/h的时速开车，那么3s就会盲开出约50m。

（四）管理要求

（1）在集输、输油等站、库易燃

易爆区域作业时，应使用防爆工具，并穿戴防静电服和不带铁掌的工鞋，禁止使用手机等非防爆通信工具。

（2）在天然气易燃易爆区域内进行作业时，应使用防爆工具，并穿戴防静电服和不带铁掌的工鞋，禁止使用手机等非防爆通信工具。

（五）案例

案例1　携带非防爆手机进入防火防爆区域

事故经过： 2016年5月26日18时43分，某公司卸车人员李某在进行溶剂油卸车作业过程中，违反规定，在检查罐车液位的过程中打手机，引发爆燃事故，造成1人死亡。

事故原因： 卸车人员违反禁令在爆炸危险区使用非防爆手机造成事故。

李某进行卸油作业

李某在卸油过程中接打手机

罐车发生闪爆

经验教训：携带非防爆手机进入防火防爆区域，存在火灾爆炸的风险，属于违章作业，易造成严重安全事故。

案例 2 　驾车使用手机

事故经过：某交管巡防大队民警某日早晨巡逻时，在辖区内发现一起两辆汽车相撞的交通事故，民警马上保护现场，并通知事故民警，经现场勘查和询问，当事人张某因驾驶过程中低头看手机而导致车辆逆行，与相对方向车辆相撞。

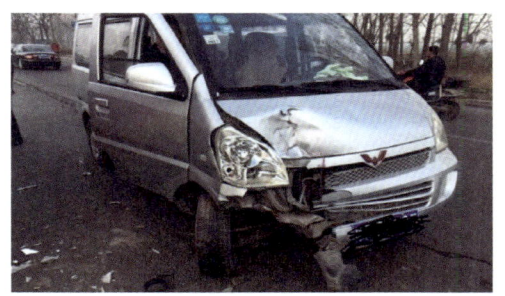

事故现场（一）

事故现场（二）

事故原因：驾驶员在驾驶过程中超速

并拨打手机是造成本次事故的主要原因。

经验教训： 开车途中拨打、接听手机时，驾驶人一般都会单手把握方向盘，这样一来会对驾驶车辆形成较大妨碍，特别是对车速控制、车距把握、视线都有很大影响，很容易引发交通事故。看一眼手机通常需要3s，假如以60km/h的时速开车，那么3s就会盲开出约50m。一旦遇到紧急情况需要刹车时，刹车距离至少20m，极易诱发交通事故。

案例3　操作过程中使用手机

事故经过： 2012年12月17日上午9时23分，在某炼钢厂内，一台行车在吊运铁水包过程中，铁水包倾翻，导致2人当场死亡，在事发点附近进行其他作业的13人不同程度受伤。

吊运铁水包倾翻事故现场（一）

吊运铁水包倾翻事故现场（二）

事故原因：行车司机打手机分散了注意力。

经验教训：这是一起典型的高风险作业过程中使用手机造成的事故。

十、发现溢流未立即关井，怀疑溢流未关井检查

(一) 释义

➤ 钻井液工、录井联机员发现或怀疑溢流未立即报告当班司钻;

➤ 司钻接到溢流报告或疑似溢流报告未立即关井;

➤ 人为责任导致关井后溢流量大于$2m^3$。

(二) 图标

发现溢流未立即关井,怀疑溢流未关井检查

（三）相关知识点

（1）井侵：当地层压力大于井底压力时，地层中的流体（油、气、水）侵入井筒液体内，这种现象通常称为井侵，最常见的井侵为气侵。

（2）溢流：所钻地层压力大于井内钻井液液柱压力时，地层压力迫使地层流体进入井内的现象。溢流的严重程度主要取决于地层的孔隙度、渗透率和负压差值的大小。地层孔隙度、渗透率越高，负压差值越大，则溢流就越严重。

（3）井涌：在钻井过程中，如果钻遇高渗透层，且井底压力低于地层压力，地层流体就会进入井眼，当进入井眼流体量达到一定程度，则为井涌。

（4）井喷：地层流体（油、气和水）无控制连续不断地涌入井筒、喷出地面或侵入其他低压层位的现象。

（5）井喷失控：井喷发生后，无

法用常规方法控制井口而出现敞喷的现象称为井喷失控。

(6)溢流关井程序:发现溢流后关井的操作程序。

(7)硬关井:关防喷器时,节流管汇处于关闭状态的关井方法。虽然硬关井时由于液流通道突然关闭,井内流体会在惯性作用下冲击井口产生"水击效应",但硬关井动作少,关井速度快,可以有效减少溢流量并降低关井后的井口压力。随着井控装备配置的提升,迅速控制井口的硬关井方式得到了普遍认可和采用。

(8)溢流的风险:溢流极易造成井涌,扩大造成井喷,存在着火爆炸、人员伤亡风险。

(四)管理要求

(1)下列情况应进行短程起、下

钻,检查油气侵和溢流:

① 钻开油气层后第一次起钻前;

② 钻进中曾发生严重油气侵起钻前;

③ 溢流压井后起钻前;

④ 井内钻井液密度降低后起钻前;

⑤ 取心钻井后起钻前;

⑥ 目的层水平钻井后起钻前;

⑦ 钻开油气层井漏堵漏后起钻前;

⑧ 钻头在井底连续长时间工作后中途需起下钻划眼修整井壁时;

⑨ 需长时间停止循环进行其他作业(电测、下套管、下油管、中途测试等)起钻前。

(2)起、下钻中防止溢流、井喷的技术措施。

① 保持钻井液有良好的造壁性和流变性;

② 起钻前充分循环井内钻井液,使其性能均匀,进出口密度差不大于 $0.02g/cm^3$;

③ 起钻中及时向井内灌满钻井液，并作好记录、核对，及时发现异常情况；

④ 钻头在油气层中和油气层顶部以上 300m 井段内起钻速度不大于 0.5m/s；

⑤ 在疏松地层，特别是造浆性强的地层，遇阻划眼时应保持足够的循环流量，防止钻头泥包；

⑥ 起钻完成应及时下钻，检修设备时应保持井内有一定数量的钻具，并观察出口管钻井液返出情况，严禁在空井情况下进行设备检修；

⑦ 下钻中应控制钻具下放速度，避免因井下压力激动导致井漏，若静止或下钻时间过长，必要时应分段循环钻井液。

（3）发现溢流立即关井，疑似溢流关井检查。

（4）天然气溢流关井后若不能及时压井，应采取相应处理措施，防止井口压力过高。

(5)空井溢流关井后,可采用强行下钻分段压井法、置换法、压回法等方法进行处理;高含硫油气井发生溢流,宜选用压回法进行处理。

(6)硬关井操作。

① 钻进中发生溢流时:

(a)发出信号;

(b)停转盘,停泵,上提方钻杆(带顶驱时,停顶驱,停泵,上提钻具);

(c)关防喷器(先关环形防喷器,后关半封闸板防喷器);

(d)关节流阀前端的平板阀;

(e)开启液(手)动平板阀;

(f)观察、记录立管压力和套管压力以及钻井液增减量,并迅速向队长或钻井技术人员及甲方监督报告。

② 起下钻杆中发生溢流时:

(a)发出信号;

(b)停止起下钻作业;

(c)抢接钻具止回阀或旋塞阀;

(d)关防喷器(先关环形防喷器,后关半封闸板防喷器);

(e)关节流阀前端的平板阀;

(f)开启液(手)动平板阀;

(g)观察、记录套管压力以及钻井液增减量,并迅速向队长或钻井技术人员及甲方监督报告。

③ 起下钻铤中发生溢流时:

(a)发出信号;

(b)停止起下钻作业;

(c)抢接防喷单根或防喷立柱;

(d)关防喷器(先关环形防喷器,后关半封闸板防喷器);

(e)关节流阀前端的平板阀;

(f)开启液(手)动平板阀;

(g)观察、记录套管压力以及钻井液增减量,并迅速向队长或钻井技术人员及甲方监督报告。

④ 空井发生溢流时:

(a)发出信号;

（b）关全封闸板防喷器；

（c）关节流阀前端的平板阀；

（d）开启液（手）动平板阀；

（e）观察、记录套管压力以及钻井液增减量，并迅速向队长或钻井技术人员及甲方监督报告。

（7）溢流的原因。

① 地层压力不准确；

② 起钻时井内未灌满钻井液；

③ 过大的抽汲压力；

④ 钻井液密度低；

⑤ 钻井液漏失；

⑥ 地层压力异常；

⑦ 中途测试控制不好；

⑧ 钻到邻井里；

⑨ 以过快的速度钻穿含气砂层；

⑩ 射孔时控制不住；

⑪ 固井时水泥失重。

（8）各种钻井工况下溢流的预兆。

① 钻进中溢流发生的预兆。

(a)钻井液返出量增加;
(b)钻井液池中钻井液量增加;
(c)停泵后,井内钻井液外溢。
② 起下钻时溢流的预兆。

起钻时,应灌入井内的钻井液量小于钻具的排替量,则表明地层流体已经进入井内,填补了起出钻柱所占据的空间。下钻时如果返出钻井液量大于钻具的排替量,则表明井内发生溢流。

(五)案例

近 5 年塔里木油田共发生溢流 282 次,年均近 60 次,占同期集团公司溢流事故的三分之一,井控风险极大。

案例 1　司钻接到溢流报告或疑似溢流报告未立即关井

事故经过:2011 年 10 月 27 日 7 时,某

井二开钻进至井深5109.10m时，录井联机员刘某发现钻井液罐液面上涨，但未及时报告司钻，直到7时23分，钻进至井深5112.24m，气测值升高，确认是发生了溢流后，才向当班司钻何某汇报。司钻何某接到汇报后，本应立即关井，但却采取了停泵敞开井观察的错误做法，在观察到出口继续外溢后才实施关井，7min后关井完成，关井套管压力为2MPa，溢流量为8m³。最终该井压井成功后井内钻具被卡，被迫回填侧钻。

怀疑、发现溢流未关井检查险情现场照片（一）

怀疑、发现溢流未关井检查
险情现场照片（二）

事故原因：

（1）钻井液工、录井联机员发现或怀疑溢流未立即报告当班司钻。

（2）司钻接到溢流汇报后未及时关井。

经验教训： 这是一起典型的发现溢流未关井，怀疑溢流未关井检查造成的险情。

案例 2 发现异常溢流钻井液工、录井联机员立即报告，副司钻立即组织关井，避免了井喷事故

事故经过： 2018年3月31日19时42分，由某钻井队承钻的某井钻进至井深7413.84m（进入蓬莱坝组14.84m），副司钻在刹把上发现泵压突然从16.7MPa上升到26.2MPa，钻井液工和录井联机员也发现异常，并向钻台进行了汇报，当班副司钻立即组织关井，19时46分关井完成，19时50分观察立管压力为零（钻具带浮阀），套管压力由0MPa上升到51MPa，核实溢流量4.6m^3。

事故原因： 预测地层压力系数与实钻相差很大。设计中预测地层压力系数为1.17～1.20，实钻密度为1.43g/cm^3。

经验教训： 钻井液工、联机员对溢流

的及时发现和副司钻及时快速的关井操作避免了损失难以估量的井喷事故。

案例3　人为责任导致关井后溢流量大于 $2m^3$

事故经过： 2005年12月24日13时，某井开始试油压井施工，试油作业结束时将采油树与采油四通连接处的螺栓卸掉。19时5分，油管压力、套管压力均为0，吊起采油树时井口无外溢，将采油树吊开放到地上后约2min井口开始有轻微外溢，立即抢接变扣接头及旋塞阀，至19时10分抢接不成功，此时钻井液喷出高度已经达到2m左右。

事故原因： 井队未严格按照试油监督的指令组织施工，拆卸采油树之后，未能及时抢装上旋塞阀。

经验教训： 发生溢流险情未能及时有效处理造成溢流。

事故现场图示（一）

事故现场图示（二）

后 记

经事故统计分析,集团公司 2006 年至 2017 年发生的 225 起事故中有近 95% 与违反安全禁令条款有关,塔里木油田公司近五年来发生的事故事件中有近 96% 与违反安全禁令条款有关,残酷的事实和冰冷的数据再一次告诫我们,《塔里木油田公司安全禁令》不仅仅是法规、制度的强制要求,更是用血的教训换来的经验,是每一名甲乙方员工不可触碰的安全红线。